U0625299

CHAO JI TANXIANJIA XUNLIANYING

超级探险家训练营

穿越丘陵

CHUANYUE QIULING

知识达人 编著

成都地图出版社

图书在版编目（CIP）数据

穿越丘陵 / 知识达人编著 . —成都：成都地图出
版社，2016.8（2021.11 重印）
（超级探险家训练营）
ISBN 978−7−5557−0448−5

Ⅰ . ①穿… Ⅱ . ①知… Ⅲ . ①丘陵−普及读物 Ⅳ .
① P941.76−49

中国版本图书馆 CIP 数据核字（2016）第 210609 号

超级探险家训练营——穿越丘陵

责任编辑：	程海港
封面设计：	纸上魔方

出版发行：	成都地图出版社
地　　址：	成都市龙泉驿区建设路 2 号
邮政编码：	610100
电　　话：	028−84884826（营销部）
传　　真：	028−84884820

印　　刷：	唐山富达印务有限公司

（如发现印装质量问题，影响阅读，请与印刷厂商联系调换）

开　　本：	710mm×1000mm　1/16		
印　　张：	8	**字　　数：**	160 千字
版　　次：	2016 年 8 月第 1 版	**印　　次：**	2021 年 11 月第 4 次印刷
书　　号：	ISBN 978−7−5557−0448−5		

定　　价：	38.00 元

版权所有，翻印必究

为什么在沼泽地中沿着树木生长的高地走就是安全的呢？"小老树"长什么样子？地球上最冷的地方在哪里？北极的生物为什么是千奇百怪的？……

想知道这些答案吗？那就到《超级探险家训练营》中去寻找吧。本套丛书漫画新颖，语言精练，故事生动且惊险，让小读者在掌握丰富科学知识的同时，也培养了小读者在面对困难和逆境时的勇气和智慧。

为了揭开丛林、河流、峡谷、沼泽、极地、火山、高原、丘陵、悬崖、雪山等的神秘面纱，活泼、爱冒险的叮叮和文静可爱的安妮跟随探险家布莱克大叔开始了奇妙的旅行，他们会遭遇什么样的困难，又是如何应对的呢？让我们跟随他们的脚步，一起去探险吧！

主人翁
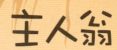

布莱克大叔（40岁）：地理学家、探险家，深受孩子们的喜爱。

叮叮（10岁小男孩）：活泼好动，勇于冒险，总是有许多奇思妙想，梦想多多。

安妮（9岁小女孩）：文静可爱，做事认真仔细，洞察力较强。

目录

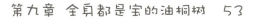
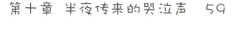

目录

第一章

美丽的金斑喙凤蝶标本

在经历了几个月惊险迭出的大冒险后，一行人又来到了有着古老文明的中国，在这里暂时住了下来。听布莱克大叔说，中国可是一个地域非常辽阔的国度，陆地领土面积960万平方千米，在世界上排名第三呢。

其实，以冒险为职业的布莱克大叔这次来到中国也是"别

有居心"的。中国不仅国土广袤，而且还是一个地形多样的国家，有高山、峡谷、丘陵、平原、沙漠、盆地、高原等，地球上大部分的地形都能在这里找到。布莱克大叔说："中国就是一个庞大的地理博物馆。"

　　这天布莱克大叔不在家，古灵精怪的叮叮带着安妮一起来到了布莱克大叔的卧室里，两个人好奇地把玩着房间里摆放着的各式各样的动植物标本，这可是布莱克大叔环游世界各地搜集而来的宝贝，非洲的鸵鸟蛋、泰国的孔雀翎、亚马孙的蜂鸟……简直令人眼花缭乱。

"哇，好漂亮！"安妮忽然尖叫了一声，便立在那里一动不动地出神地看着。叮叮听到声音后急忙过来，在书桌上发现了一个精美的玻璃盒，里面放着一只美丽的蝴蝶。这只蝴蝶比一般的蝴蝶要大很多，虽然只是标本，但看上去就像活的一样，仿佛一打开盒盖它就会立马飞出来似的。它华丽的双翅就像两把制作精美的扇子，平整地铺展开来。前翅上的绿色鳞粉一闪一闪的，后翅的面上镶嵌着金黄的色斑。

　　安妮十分喜欢这只蝴蝶，觉得它是布莱克大叔收藏的所有标本中最漂亮的一个："你看，它安静地躺在玻璃床上，像一个睡美人。"

"这可不是睡美人，"这时候布莱克大叔回来了，看到孩子们在欣赏蝴蝶标本，笑呵呵地说，"这是一位中国探险家朋友送给我的礼物，它叫'金斑喙凤蝶'，又称为'贵妇人'。"

"金斑喙凤蝶？好奇怪的名字。在哪里可以看到它呢？"好奇心泛滥的叮叮赶紧追问了起来。

"这种蝴蝶在中国非常稀少，可以和大熊猫相提并论。它们主要分布在沿海一带，在中国的东南丘陵地区能看到。"

安妮从见到金斑喙凤蝶的第一眼就被它深深迷住了，现在

听到布莱克大叔说起它的家乡，心中更是等不及了，拉起布莱克大叔的手，撒娇地请求："布莱克大叔，你就带我们去东南丘陵看看'睡美人'吧。"

没想到习惯卖关子的布莱克大叔这次却毫不犹豫地答应了："当然可以，我早就打算去丘陵探险，丘陵地势复杂多变，你们必须对我保证不能乱跑，一定要紧紧跟着我。"

叮叮和安妮兴奋得跳了起来，对击了一下手掌："好好好，我们保证！"

第二章

这就是东南丘陵吗

两个孩子收拾好行李之后，在布莱克大叔的带领下踏上了前往中国东南丘陵的旅途。

一路上安妮快乐得活蹦乱跳，像一只"久在樊笼里，复得返自然"的小鸟。她本性沉静，厌倦了城市里的雾霾沉沉和工

热

业引擎的噪声，如今投身到大自然当中，就好像是踏上了"回家的路"。她轻快地哼起歌，而叮叮却没有安妮那样轻松，他一路上叫苦不迭，像被流放的犯人一样，很不情愿地跟在布莱克大叔和安妮后面。这时候已经是九月份了，但是天气还是异常燥热，高高在上的太阳火辣辣地炙烤着大地，叮叮走得精疲力竭，感觉自己就像一块冰糕一样，就快要在人间蒸发了。他一边有气无力地走着，一边喃喃自语："要是东南丘陵的夏天能有西伯利亚的冬天那么寒冷，西伯利亚的冬天能有东南丘陵

的夏天这么炎热就好了。"

布莱克大叔回过头来大笑："哈哈……你这未必也太异想天开了吧。四时节令，各有各的气候特征，这个又怎么能随便更改呢？要是这样的话整个地球每年岂不都是千篇一律了？以后叔叔带你们去中国的云南，那里四季如春。"

细心的安妮从布莱克大叔和叮叮的谈话中发现了一个问题，大惑不解地问道："现在应该不是夏天，怎么还这么热呢？"

"对，现在已经是初秋了。"布莱克大叔不禁为安妮的缜密思维竖起了大拇指。

　　安妮扳着手指轻声计算起来："现在公历是九月，刚好是中国农历的八月份。"

　　"嗯……农历八月份的时候，秋高气爽的天气会逐渐回温，有时候最高温度能达到35℃呢。一般来讲，这种天气会持续半个月左右。中国老百姓把它叫作'秋老虎'。"

　　"什么？半个月左右！"叮叮瞬间就垂头丧气了，"我们早不来晚不来，偏偏等到这只'秋老虎'被放出来之后来。完了完了，看来在我还没有到达东南丘陵之前就被'老虎'吃得连渣都不剩了。"

"这个你不用担心，"布莱克大叔指着不远处像波浪一样高低起伏的群山说，"东南丘陵是一个泛指，指的是中国东南部地区的丘陵地带，范围很广，包含了江南丘陵、两广丘陵和闽浙丘陵。你看，那里就是闽浙丘陵。"

看到目的地就在眼前，本来已经泄了气的叮叮一下子振作起来。

"哈哈……原来叮叮没精打采的样子是装出来的。"布莱克大叔忍不住笑了起来，"趁现在天色还早，我们快点继续前进。"

"我才没有装，只是看到'胜利'就在眼前，信心就又回来了。"叮叮辩解道。

怎么这些山都不太像山？矮矮的，圆圆的，山体呈现出温和的弧形，不像很多高山那样棱角分明。安妮看到这些，有些不解，问道："布莱克大叔，这到底是山还是小土坡啊？"

　　"这当然是山啦，这是丘陵地带所特有的山峦，低矮缓和，绵延千里。一般的丘陵都是属于低山丘陵，我们眼前的就是这种。"布莱克大叔说，"中国的地势是西高东低，东南丘陵处于中国的第三级阶梯上，平均海拔都比较低，这里的山脉大部分在500米左右，也有少数奇峰险山海拔1000米以上。东南丘陵的闽浙丘陵一带纬度比较低，位于北回归线附近，属于亚热带季风气候，一年四季温度较高，就连最冷的一月气温也在

0℃以上。所以，有句谚语说："四时皆是夏，一雨便成秋。"因为闽浙丘陵靠近太平洋，长年受海洋水汽温润，所以终年降雨充沛，尤其夏季降水最多。"

安妮听完后偏着头，若有所思的样子。如果说奇绝险怪的三山五岳需要带着仰望的姿态去朝拜，那么与它相比，丘陵似乎就像是一个温柔的姑娘，可以很轻松地和她约见、交谈。这里的山势是温和的，没有多边形的生硬棱角；这里的气候也是温和的，常年温润多雨。

她迫不及待地想去一探究竟，东南丘陵，我们来了！

东南丘陵

丘陵是由各个连绵不断的小山丘组合起来的一种独特的地形，一般特点是植被丰富，土壤肥沃，水源充足，非常适合农业发展。东南丘陵是中国最大的丘陵地带，也是世界上著名的丘陵。地域广阔，从长江中下游以南到中国东南地区，覆盖了安徽、江苏、浙江、湖南、福建、广东、广西等省自治区。

东南丘陵的地势高低起伏，很少有平坦的地域，只有在丘陵中的河谷盆地坡度才稍缓。不过，聪明的劳动人民因地制宜，开动脑筋，发明了很多适合丘陵地带的农业模式。

第三章
卷土重来的雨季

看上去小山丘就在眼前，但走了大半天，一行人还没有到达布莱克大叔说的那个地方。叮叮发现自己又被布莱克大叔欺骗了，心情顿时从高处掉落到了地上。其实他并没有被布莱克大叔欺骗，而是被自己的视觉假象

欺骗了。在视野开阔的地方看远景，就算危楼高百尺，看上去也只是像一根火柴摆在面前。中国古人说"一叶障目，不见泰山"，一片叶子都能把泰山遮挡住，可见视觉多么奇妙。

叮叮在经历了兴奋、泄气、振作之后，又一次变得垂头丧气，在后面嘀嘀咕咕地闹起情绪来。

安妮也走累了，但是心中依然和这天气一样万里无云，一边走着一边悠闲地欣赏着四周应接不暇的秀丽景色。这大片大片的自然美景，让她仿佛进入到一幅卷轴山水画中，她很乐于这种行走，与其说是行走，不如说是"徜徉"。

她回跑了几步，走到正在打退堂鼓的叮叮面前，笑着拉起他的手腕说："叮叮，我们快走吧，你要是再在这里磨时间，一会儿'秋老虎'就会跑出来把你吃了哦！"

　　叮叮眯着眼睛，痛苦地望了一眼"熊熊燃烧"的太阳，无奈地说："当年后羿射日为什么还要留下一个呢？"

　　"要是不留下的话，地球就没有光和热了，又怎么创造生命呢？"布莱克大叔头也没回，自顾自地走着说道，"'秋老虎'是副热带高压带向南迁移而形成的，这段时间的天气特别炎热，我们必须在大雨来临之前赶到对面那片森林里，等雨过了，天气就会变凉爽的，'一场秋雨一场寒'。"

　　"你看这天空，万里无云，比我的作业本还干净，怎么可能下雨呢？"叮叮不想再被布莱克大叔骗了，反驳道。

　　"这你们就不知道了。现在正是闽浙丘陵的第二次雨季，暴雨说来就来，你别看这天空比你作业本

还干净，一遇到老师突击检查，你还不是得以迅雷不及掩耳之势把作业本写得密密麻麻的，变天比你写作业快多了，说不定马上就会下大暴雨了。"

不管布莱克大叔说得多么激动人心，叮叮反正就是打死也不相信，他认为这些听起来头头是道的语言都是布莱克大叔的"激将法"，是故意编出来骗他走快点的。他索性不走了，就在原地坐下歇息。

"叮叮，我们就……等你。"布莱克大叔和安妮说完之后，继续往前面走。一会儿两人就消失在不远处的

树丛中。

　　叮叮原地孤坐了一会儿，正准备起身上路，忽然发现天气凉爽了许多，天空不知何时变得阴暗起来。糟了！要下大暴雨了。叮叮刚反应过来，天上就爆出了闪电，像几条火蛇

一样，在阴暗的天空中格外醒目。闪电过后又打起了闷雷，轰隆隆地把雨水大方地泼向了大地。丘陵地区蜿蜒的小路在雨水的冲刷下变得泥泞又粘稠，叮叮拔腿就跑，像一只掉队的鸭子深一脚浅一脚地在泥沼里狂奔，样子滑稽极了。

东南丘陵的独特降雨

　　为什么布莱克大叔说这是闽浙丘陵的第二次雨季呢？难道一个地方还会有两次以上雨季？

　　中国东部夏季风是在3、4月份开始登陆沿海地区的，5、6月份季风带开始北移，这时东南丘陵的大部分地区就开始迎来了第一次雨季。7月份的长江中下游平原一带在雨水的滋润下形成了多雨季节，7月份下半个月的时候，季风带越过了中国的长江中下游平原一带，再加上太阳辐射强烈，于是造成了这一带著名的"伏旱"天气现象，这时闽浙丘陵的降水也变得少了起来。8月份以后，季风带又开始南下回移，到了闽浙丘陵的时候，又会带来第二次强烈降雨。

　　季风带带来了第二次降水高峰期，这也就是所谓的"第二次雨季"。

第四章

脱身泥石流

　　叮叮气喘吁吁地在暴雨中一路狂奔，终于跑进小树林里面。

　　树林里有一顶小帐篷，"未卜先知"的布莱克大叔早就料到了这场大

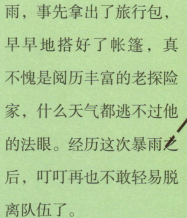

雨，事先拿出了旅行包，早早地搭好了帐篷，真不愧是阅历丰富的老探险家，什么天气都逃不过他的法眼。经历这次暴雨之后，叮叮再也不敢轻易脱离队伍了。

安妮看到被淋成了"落汤鸡"的叮叮后，忍不住捧腹大笑起来，故意说："叮叮，你是在附近哪条河里游泳去了？怎么全身都湿透了？"

"哎呀，我不想说了。"叮叮闭着眼睛躲避这个尴尬的话题。讨厌的安妮，我被雨淋了还来取笑我！

布莱克大叔和安妮在帐篷的遮蔽下，没有淋湿，与狼狈的叮叮形成了鲜明的对比。

"我早就告诉你了，闽浙丘

陵有第二次雨季，谁叫你不相信。"布莱克大叔也被叮叮的样子弄得哭笑不得，在帐篷里面对叮叮说，"叮叮，快进来把衣服换了吧，一场秋雨一场寒，这场暴雨之后，冷锋过境，炎热的天气会逐渐转凉的，最容易感染风寒。"

安妮停止了对叮叮的取笑，关心地说："是呀是呀！要是你再生个什么病，只能我和布莱克大叔两个人去探险了。"

叮叮正准备走进帐篷的时候，细心的安妮噗嗤一声又大笑起来，指着叮叮的光脚丫惊诧地说："叮叮，你的一只鞋子哪里去了？"说着可爱地转了转眼珠子，"难道是你游泳时忘在河边了？"

叮叮低头看了一下自己的双脚，左脚的鞋子被泥巴刷上了一层褐色的"油漆"，右脚的鞋子不翼而飞了，只剩

下一只光脚板。几个念头闪过后，心中忽然一惊，完了！一定是那会儿奔跑的时候落在路上了。

　　这时候雨已经停了，来势汹汹的暴雨发泄完后就迅速地撤离了天空，这种"报复"似的阵雨来得快去得也快，虽然降水量比绵绵细雨要大很多，但坚持不了多久。

　　布莱克叔叔和安妮从帐篷里出来，和叮叮一起去寻找那只丢失的鞋子。他们沿着叮叮跑过的小路往回走，路上四处查看，就像刑侦警察在犯罪现场搜查证据一样。

"哈哈！我找到了！我找到了！"叮叮在一个泥坑里发现了那只丢失的鞋子，捧起来高兴地大笑起来。

　　安妮和布莱克大叔舒了一口气，丘陵地区崎岖坎坷，要是光着脚丫去探险的话，恐怕这只脚要走得血肉模糊。

　　鞋子找到了，三个人准备继续向小树林前进，刚走了几步，听见"哗哗"的声音接连不断地传来，声音巨大无比，既像高山轰然垮塌了一般，又像洪水滔滔奔腾的声音。这巨大的声响浑浊难辨，中间又夹杂着树木折断的脆响。安妮和叮叮一时间懵了，傻傻地呆立在原地一动不动。

　　"快跑！是泥石流！"布莱克大叔大喊一声，拉着安妮

和叮叮就向侧面跑去。刚一跑开，小路就被翻滚的泥浆淹没了！

泥石流就像用泥巴、石头和草木组成的洪水，所到之处，摧枯拉朽般将一切毁于瞬间。等到一切都平息的时候，搭建帐篷的那座小山丘已经被夷为平地了。

安妮和叮叮心跳简直加快了一倍，在安全的高地上惶恐地看着这一切，脑子里不断重现刚才电光火石一样发生的一切。

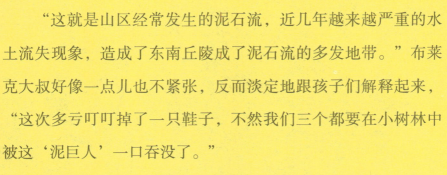

　　"这就是山区经常发生的泥石流，近几年越来越严重的水土流失现象，造成了东南丘陵成了泥石流的多发地带。"布莱克大叔好像一点儿也不紧张，反而淡定地跟孩子们解释起来，"这次多亏叮叮掉了一只鞋子，不然我们三个都要在小树林中被这'泥巨人'一口吞没了。"

　　"多亏了那只鞋子！"安妮和叮叮异口同声地叫道，这声音中包含了太多的情绪，惊慌、庆幸、兴奋……

　　"为什么东南丘陵是泥石流的多发地带呢？"安妮和叮叮

一同问道。

布莱克大叔说："因为丘陵地区地势崎岖不平，难以开展大规模的技术集约型农业，农业水平还处于一个非常落后封闭的状态。人们延续着千年来世代流传下来的耕作方式，不断地开垦陡坡用于耕作，毁坏森林充当燃料。人们对大自然进行掠夺式的开发，破坏了这里的生态系统，减弱了草木的涵养功能，加上此地区土质疏松，泥石相混杂。一旦遇到突如其来的大雨，就很容易形成肆虐的泥石流了。"

安妮和叮叮不禁感叹道："爱惜自然，也是在爱惜我们人类自己啊。"

泥石流

泥石流是一种夹杂着泥土、石块、沙砾等物体的特殊洪流，多发生在山区、沟壑等地。主要是因土质疏松，加上暴雨、暴雪等冲击而引起的。我国东南丘陵地带土质疏松，地理环境恶劣，加上人为的乱砍滥伐等原因，向来是泥石流的多发地带。

在逃跑的时候，布莱克大叔没有沿着道路回跑，而是拉着安妮和叮叮向侧面跑去，这是为什么呢？在发生泥石流的时候，如果顺着泥石流的流向逃生，会很容易被泥石流快速地吞没。只有向泥石流流动方向的两侧逃跑，才能脱离险境。

第五章

快看！梯田

　　叮叮丢失的那只鞋子，让三人捡回了命，真是有惊无险啊。

　　帐篷已经被泥石流吞没了，一点儿渣也没有剩下，不过这样也好，减轻了一行人的负担，也不用背着沉重的旅行包了。布莱克大叔带着安妮和叮叮向着远方继续前进。

走着走着就看到升起来缕缕炊烟，三人来到了一个小山坡上。从坡上望去，不远处的地方有一排排农家房屋。

"丘陵地区的人们通常把房子建在山麓平坦的地方或者河谷盆地，"布莱克大叔说着用手对着远处的地势比划着，"河谷盆地就是两座山的河流交汇地。你们看，那里的左边和右边都是山丘，唯独中间有一大块平坦的地方，地势开阔平整，水源充足，非常适合人类居住。"

一看到炊烟，叮叮的肚子里面就像藏了一只蛤蟆似的，咕咕地叫了起来。

安妮笑着说："布莱克大叔，我们去农民伯伯的家里蹭顿饭吃吧，你看叮叮的肚子都开始抗议了，要是不喂饱它，等会儿恐怕要游行示威了。”

安妮这句话说到叮叮心里去了，叮叮连忙点头："布莱克大叔，我们要补充能量，才能继续踏上旅途。"

布莱克大叔呵呵笑了起来，带着两个孩子沿着农民开辟出来的泥土小路，向着冒出炊烟的地方走去。

叮叮被道路两旁的水田吸引住了，心中冒出来一个大大的问号，为什么这些田一块比一块高呢？在其他地方看到的田都是一整片一整片的，为什么这里的田却像梯子一样依次沿山坡排列着？

布莱克大叔觉察到了叮叮脸上迷惑的神情，解释道："丘陵地势高低不平，不可能像平原或者高原那样实行大面积连片的耕

作。受到区域性地理的限制，居住在这里的农民伯伯的祖先们于是想到了沿着山坡开垦田地，水田一块紧接着一块，就像梯子一样排列着，这就是'梯田'的由来。"

细心的安妮发现高处的水田和低处的水田之间有一条水沟连接着，她问道："布莱克大叔，你看那些水沟，是用来灌溉的吗？"

"聪明！"布莱克大叔抚摸着安妮的脑袋说，"水源在山顶，慢慢地自上而下流淌下来，如果下面的梯田缺水了，只需要把上一层梯田的缺口打开，水就会通过这个水沟流进下一层的梯田里面。"

农民伯伯真聪明啊！安妮和叮叮感到十分佩服。

布莱克大叔接着说："梯田有好几种，一般分为反坡梯田、坡式梯田、复式梯田、隔坡梯田。梯田不光在丘陵地带受欢迎，在一些常年干旱的地区也常能见到，因为阶梯状的田地很好地

解决了灌溉水源的问题。中国最出名的梯田要数云南的元阳梯田和广西的龙脊梯田了。元阳梯田是世代居住在云南省元阳县的哈尼族人遗留下来的美丽瑰宝，被称为'中国最美的山岭雕刻'呢。"

平时未在意的田地，没想到还有这么多的知识，叮叮和安妮突然为自己的孤陋寡闻惭愧起来。

梯田

梯田是中国主要的农业模式之一，主要分布在多雨多山的丘陵地区，比如广西、江南、四川、福建等地。在中国，梯田的历史已经有几千年了，早在秦汉的时候，中华大地上就已经出现了梯田这种极具小农社会特色的田地。

梯田具有通风透光等优势，不仅化解了丘陵地区的地势难题，还可以涵养水源，保护地质，为土壤增肥，有效地提高了农作物的产量和防治了"水土流失"等生态问题。

第六章
高山族的美食

　　三个人通过一条小路来到了村庄里面，布莱克大叔走进一户农民家，和男主人交谈起来，把来由和目的告诉了他。好客的男主人叫高安国，非常欢迎三个人的到来，赶紧叫妻子上茶。

叮叮被饥饿冲昏了头脑，着急地说："我都快要饿死了！"

安妮生气地打了一下他的背，说道："叮叮，你太没礼貌了吧！"

高叔叔不但没有生气，反而笑了："呵呵……小孩子走了一天，一定饿坏了，我们马上就做饭。"

因为客人的到来，高叔叔家里的这顿饭做得特别的丰盛，有鱼有肉，还有番薯、河虾、紫菜、贡丸以及不知名的鲜汤。

叮叮闻到饭菜佳肴的香味，早已经忍不住了，管它三七二十一，拿起筷子开始狼吞虎咽起来。而高叔叔一家人却没有急于用食，而是用一个小碗装了一些饭菜放在佛龛面前，虔诚地作了几个揖后，才坐下来开始吃饭。

席上高叔叔拿出一个小坛子倒出醇香的美酒递给布莱克大叔，自豪地说："这可是我们自家酿制的米酒，高山族的传统佳酿，你在超市里买不到的。"

布莱克大叔双手接过酒碗，轻呷了一口，脸上浮现出欣喜的神情，赞不绝口："真是好酒！

有股大地的味道。"

　　叮叮在一旁吃得正欢，完全没有听到大人们的谈话，他的世界只有一堆饭菜。安妮倒是听得津津有味，好奇地问道："高叔叔，你是高山族的吗？我怎么没有听说过这个民族？"

高叔叔的妻子笑了一下，说："小姑娘你没有听过高山族是很正常的，高山族主要居住在台湾，而且还是那里主要的原住民，台湾的汉族是后来才迁移去的。中国大陆沿海一带如福建、浙江等省也有少数高山族散居。

安妮心中的一个问号才打开，又冒出了一个问号："我看到中国其他的少数民族都有着自己民族特色的服装，为什么你们和汉族没有一点区别呢？"

高叔叔接着说："我们高山族原是过着与世隔绝的

生活，就连和相邻的部落之间也没有交集，我们很少和外界交流，虽然有自己的语言，但是并没有创造文字，我们通用汉字。后来我们民族的思想逐渐开放了，开始和汉族交流，甚至结婚。我们穿汉服，说汉语，和汉族几乎没有什么区别了。不过台湾的高山族大多还穿着自己民族的服装，也保留着许多的高山族传统文化。"

就在谈话间，高叔叔的小女儿回到卧室换上一套高山族传统服饰出来了。

"哇！太漂亮了！"安妮不禁惊叫起来。高山族女人的服装和苗族有点相像，衣领处和冠帽上镶满了珠宝挂饰，看起来美艳动人，有一种淳朴天然的风格。安妮看得出神了半天，心里浮想联翩。

第七章

乌龙茶里的学问

当安妮对高山族的华丽服饰浮想联翩的时候，叮叮却专注于品尝高山族的美味佳肴。他东夹一块肉，西捡一根菜，把小小的嘴巴塞

得满满的，恨不得变成恐龙，一口就把这些美味全部吞进肚子里去。

饭后，高叔叔请三个人品茶。布莱克大叔凑上鼻子在热茶上面闻了闻，闭着眼睛品尝了一番，脸上顿时写满了陶醉。

"你这是什么茶？好香！好醇！浓而不涩，甘醇可口而又余味无穷。"布莱克大叔问了一句安妮和叮叮也想问的话。

"这是乌龙茶，自己家里种的，你们要是喜欢的话可以送

一些给你们。"

"原来这就是驰名中外的乌龙茶！"布莱克大叔似乎对这种茶非常了解，他脸上既欣喜又惊讶的表情引起了大家强烈的好奇心。

布莱克大叔接着说："乌龙茶是中国十大名茶之一，有分解脂肪、美容养颜的功效，所以日本人又叫它'美容茶'。这个'乌龙茶'的名字来源还有一个古老的传说呢。传说古时候在福建有一位叫苏龙的人，曾是一名将军，因为他长得很黑，大家都叫他'乌龙'。有一天他上山打猎，打了很久才打到一只山獐子，等他回家时天已经黑尽了。这时候一大家人就开始忙活着屠宰这种山獐子，烹饪成美味佳肴，却把白天采摘下来的茶叶忘记了。这些茶叶从茶树上被摘下来后就丧失了养料，又错过了烘焙，经过一夜的放置后就发酵了，茶变成了红色的。第二天这家人刚起床，就闻到了满屋子的醇香，原来是发了酵的茶叶散发出来的，大家就用往常的工序把这些发了酵的茶制好，泡出来的茶水非常好喝，后来人们就把这种茶叫作'乌龙茶'。"

"哇！原来乌龙茶的来历还有这么一个曲折的故事啊。真想亲眼去看看长在树上的乌龙茶是什么样子的。"叮叮肚子也不饿了，开始生龙活虎起来。

高叔叔笑道："这个简单，叫我的大儿子高鹏带你们去看看我家后山的茶圃吧。"

　　安妮高兴地向高叔叔道谢，又转向高鹏，说："大哥哥，你快带我们去看看乌龙茶吧！"

　　"好，我们现在就出发！"高鹏说完就带着三个人出了门。

　　茶圃就在村庄后面的小山坡上，一眼望去，全是和安妮差

不多高的乌龙茶树，整齐地排列着。

　　四个人走在茶树之间的空隙中，仿佛置身在一片茶海，脚下的小道是专门留来采茶用的。安妮左右环顾着，心里想着躺在这茶圃里美美地睡上一觉那该多好呀。

　　叮叮摘下一根茶尖，放在鼻子上闻了一下，喃喃道："怎么闻起来不香啊？"

高鹏耐心地解释："现在你手里拿的还不能称为'茶'，只是茶的原料而已。我们把干净嫩软的茶叶尖采摘回来后，要经过清洗、脱水、烘焙、晾晒等多道工序，然后做成茶饼，这时候真正意义上的茶就制作出来了，馨香和美味就有了。"

第八章
颜色奇怪的土壤

原来制作乌龙茶这么麻烦呀，当我们在餐厅里品尝着它的醇香甘鲜，对它的色香味评头论足的时候，可能不会想

到，它是这么的来之不易。需要经过多少双手，经过多少次晾晒和烘焙，经过多少次挤压和包装才能被送到我们面前啊。

高鹏说道："你可别小看这些茶叶，这些乌龙茶被我们制作出来后只留下一小部分自己家里喝，其余的要卖给经销商，这是我们家的主要经济来源，我和妹妹读书的学费全部是拿它换来的。乌龙茶当中最出名的是武夷岩茶和安溪铁观音，有些制作考究的铁观音小小的一包就值上千元呢。"

"上千元一包！"叮叮惊讶得张大了嘴巴，"那你们为什么不制作铁观音那种乌龙茶？"

"呵呵……同样的茶在不同的地方、不同的气候下种出来的效果是不一样的，安溪那个地方水甜土肥，光照充足，各种天时地利，才种植出了独特口感的铁观音，我们这里是种不出来的。"

安妮有些失落地说："听说乌龙茶能够美容养颜，我本来想叫大哥哥送我一些茶种，让我带回家里用大陶罐种上几株呢，没想到它对生存环境这么苛刻啊。"

布莱克大叔笑着说："你要是把乌龙茶带回家里去种，不出三天就会全部枯死的，它也只有在福建这种亚热带季风气候和红色土壤中才能茁壮成长。"

"红色土壤？"安妮和叮叮不约而同地向脚下看去，乌龙茶树下面全是红色的土壤，这种颜色的土壤奇怪极了，两个人生平还是第一次见到。

　　有着奇思妙想的叮叮猜测着这红壤的由来："我在电视上看过，有些人为了种出牛奶味的番茄，每天用牛奶浇灌番茄的根，后来成功了，结出来的番茄吃起来有股淡淡的奶味。难道高叔叔他们是为了种出富有特色的乌龙茶，在土壤里面浇灌了红色的颜料吗？"

　　"你不要瞎说，我刚才在高叔叔家里可是喝了两大杯乌龙茶呢！"安妮听到叮叮这么说，神经顿时变得紧张起来。

"哈哈……这些红壤可不是用颜料浇灌而成的，这是我们这里的特色，红色的土壤非常适合种植茶树，种在红壤里的茶树要比种在普通土壤里的更加茂盛，口感也更好。还有一种黄棕壤也很适合种茶，但是我们这里没有那种土壤。至于红壤为什么适合种茶，这其中的原因我就不太清楚了。"

安妮知道身为探险家的布莱克大叔地理知识渊博，他应该会知道的，所以迫不及待地摇着他的手臂说道："布莱克大叔，你一定知道其中的原因，你就给我们普及普及吧！"

布莱克大叔弯腰抓了一把红壤，不慌不忙地说道："因为红壤呈酸性，可以很好地中和掉茶叶中的碱，这样的茶就没有那么苦涩了。"

"那这土壤为什么是红色的呢？"叮叮又接着问。

"你们吃过梨，有没有发现一个细节？当你把梨咬了几口，放在那里，过了一会儿梨的表面就会呈现出红色来，你们知道这是为什么吗？"

　　"为什么？"

　　"因为梨中含有大量的铁元素，这些铁和空气中的氧气相遇之后就变成了氧化铁，而氧化铁就是红色的。同样的道理，这些土壤富含铁元素和铝元素，长年累月暴露在外，就变成了氧化铁和氧化铝，所以土壤看上去就是刺目的

铁

铝

红色了。"

"哇！原来红壤里面包含着这么多的科学知识呀！"安妮惊叹道，在一旁认真听着的高鹏也连连点头，露出了微笑。

叮叮转着眼珠子嘻嘻地笑了起来："安妮经常脸红，这是不是也是因为她的脑袋中含有丰富的铁元素呢？"

安妮感到十分尴尬，脸上瞬间又染上了一片红霞，逗得布莱克大叔和高鹏哈哈大笑起来。

红壤

红壤是东南丘陵中十分常见的一种土壤类型。红壤缺乏碱性物质，富含酸性物质，加上土壤肥沃，所以非常适合种植茶树。

红壤的pH值大部分为4.5~5.2，除了适宜茶树生长，还宜种植甘蔗、杉树、油桐、柑橘、毛竹、棕榈和各种药材。如果要种植普通农作物，就需要在红壤里面添加石灰，把酸性减弱或者去掉。

世界上著名的三大产茶国之一斯里兰卡境内就有大量的红壤，靠这种红壤种植出来的茶而闻名全球。

第 九 章

全身都是宝的油桐树

听完布莱克大叔的解说之后，大家明白了，红色土壤不仅肥沃，里面还富含酸性物质，所以才适合种植茶树。除了红壤外，其他的土壤也是酸性的吗？

这个答案出现在了接下来的行程当中。

高鹏把大家带出茶圃，却没有往村庄的方向走，而是带着

大家来到山上的一个小树林里。

这里长满了一种枝桠很多的树，这种树的叶子和其他树叶不同的是，都非常宽大，一片大点的叶子甚至有洗脸盆那么大。叶子和叶子之间十分分散，没有重叠交接。由于现在是秋天了，这些宽大的树叶子都有点微微泛黄了。

"大哥哥，这是什么树啊？"叮叮抬着头望着这棵从来没有见过的植物，好奇地问道。

"这些就是油桐树，全是我家种的。"高鹏抬起脚用力地踹了一下树干，一些已经枯黄的树叶簌簌地落了下来，高鹏拾起一片大大的油桐叶子，向大家展示："在四川、湖南

和我们这一带，有一种富有地方特色的传统食品叫'叶儿粑'。'叶儿粑'就是用糯米和稻米做成的一种糕点，用这种油桐叶子包裹起来，放在蒸笼里面蒸熟而成的。成品的'叶儿粑'吃起来香甜可口，温润细腻，由于被油桐叶子包裹过，所以有一股淡淡的清香味，那是一种大自然的味道。"

"哇！听你说起'叶儿粑'，我忍不住流口水了，我还从来没有吃过用树叶子包裹过的糕点呢。大哥哥，等会儿回家后你给我做好吗？"高鹏对"叶儿粑"诱人的描述把叮叮贪吃的欲望又勾出来了。

还是安妮观察仔细，她指着满林子的油桐叶说："现在已经是秋天了，油桐树的叶子泛黄了，还怎么可能做'叶儿粑'呢。就算做

出来也一定是又干又苦，难吃极了。"

高鹏笑道："安妮小妹妹说得对，现在这个季节是没办法做'叶儿粑'的，你们要想吃，等春天的时候再到我们家来，到时大哥哥一定做非常多的'叶儿粑'给你们吃！"

叮叮瞬间失落了，赶紧打消了对"叶儿粑"的"非分之想"，又问道："大哥哥，你们种这么多的油桐树难道就是为了做'叶儿粑'吗？"

"呵呵，当然不是了。这个油桐树啊，全身可都是宝贝呢。油桐树有毒，毒性甚至可以杀死一个人呢。它的叶子被捣碎后埋进土里还可以防止病虫害。"说着高鹏又弯腰在油桐树

下捡起几个核桃般大小的果子，说："你们看，这就是其中一宝——油桐果。油桐果可以用来榨成桐油，在还没有电的时候，人们就是靠这桐油来照明的。把桐油涂在家具上，干燥凝固之后，不仅美观光滑，还可以防止木具腐烂生虫和金属生锈。现在社会上的很多行业都急需桐油，所以桐油的销量很好，价格也很高。我们这里流传着一句话，'要致富，栽桐树'。油桐树果的果壳可以制成活性炭，榨油之后的桐饼还可以当成肥料……"

"油桐树果真全身都是宝呀！"安妮说。

布莱克大叔又开始给大家科普地理知识了："油桐树适合生长在轻微酸性的土壤中，像红壤的话酸性太强了，普通黄壤的话酸性又

57

太弱了。所以我们站着的这片土地酸性一般，但也是属于酸性土壤中的一类。"

"原来酸性土壤有这么多优点啊。"

"是啊，许多名贵的中药材都是种植在酸性的土壤中的。"

安妮和叮叮抚摸着油桐树的树干，又捡起地上掉落的叶子和果实好奇地观察起来。

今天两个孩子学到了不少知识，但有点儿遗憾的是，吃不到传说中美味的"叶儿粑"了。

油桐树

油桐树是我国土生土长的油性植物，夏天开花，秋天结果。桐油运用广泛，不管是军事工业，还是医药业、制造业，到处都能看见它的身影。中国的四川、湖南、福建、贵州等地都有油桐种植，其中四川的油桐产量居全国之首。

油桐树和丝绸、茶叶、陶瓷一样都是中国出口最多的传统商品之一。中国的油桐享誉全球，产量和质量都是排名世界第一。19世纪末期，油桐树传到国外。

第十章
半夜传来的哭泣声

　　大家在油桐林里待了好几个小时，这里阴凉避暑，鸟语花香，实在是一块修身养性的宝地。

　　太阳快要下山了，高鹏看到天色已晚，就招呼布莱克大叔、安妮和叮叮回家。

布莱克大叔见天空越来越暗了，带着两个孩子跟着高鹏一起再一次回到了高叔叔的家里。

晚餐的时候，叮叮吃了几口就放下了筷子，再也吃不下了，中午那一顿大餐到现在都还没有消化完呢。他闲得无聊，就绘声绘色地和高叔叔一家人讲起了今天白天发生的一切，把他怎么被"秋老虎"欺负，怎么掉队，怎么淋雨……还有三个人怎么被一只鞋子救回一条命全部讲了出来，一边讲还一边做

出惟妙惟肖的动作。

高叔叔的妻子听完这些惊险的经历后流露出了天生的母性，关切地说道："孩子，没伤到哪里吧？以后下暴雨的时候要在平坦开阔的地方避雨，千万不要到山脚去。我们这一带每年下暴雨的时候都会发生山体滑坡等自然灾害，造成部分财物损失、人们受伤等事故。也因为这些血的教训，村民们开始反省了，一有空就会自发地去山上栽种小树苗。"

大家都累了一天，饭后很快就去睡觉了。到了半夜，安妮却怎么也睡不着，因为总是有婴儿的啼哭声不断地传入她的耳朵里，最开始她还以为是幻觉，但是这个声音绵延不绝，她越听越感到害怕，索性钻进被子里把头蒙住。和她一样辗转反侧的还有布莱克大叔和叮叮，他们也听到了婴儿的哭声，而且从声音上能够清晰辨别出声源不止一个。

叮叮心跳越来越快，惊慌地问布莱克大叔："布莱克大叔，你听到这声音了吗？是不是谁家的婴儿被丢在外面了？"

"我早就听到了，但不管是谁家的婴儿，也不会有这么多吧。"

"难道是孤魂野鬼？历史书上说过第二次世界大战的时候中国死了成千上万的平民，连婴儿也没放过。难道这些声音是那些死去的婴儿发出来的！"叮叮瞪大了眼睛，眼神里面充满了恐惧，颤颤巍巍地说道。

　　"世界上哪里有什么鬼，不要自己吓自己了……"布莱克大叔话刚说到一半，灯突然就亮了，吓得叮叮尖叫一声，紧紧抱住布莱克大叔，不敢睁开眼睛。

　　原来是高叔叔的小女儿高青青，安妮害怕地躲在她身后拉着她的衣服，一字一顿地说道："外……外面……有……奇怪

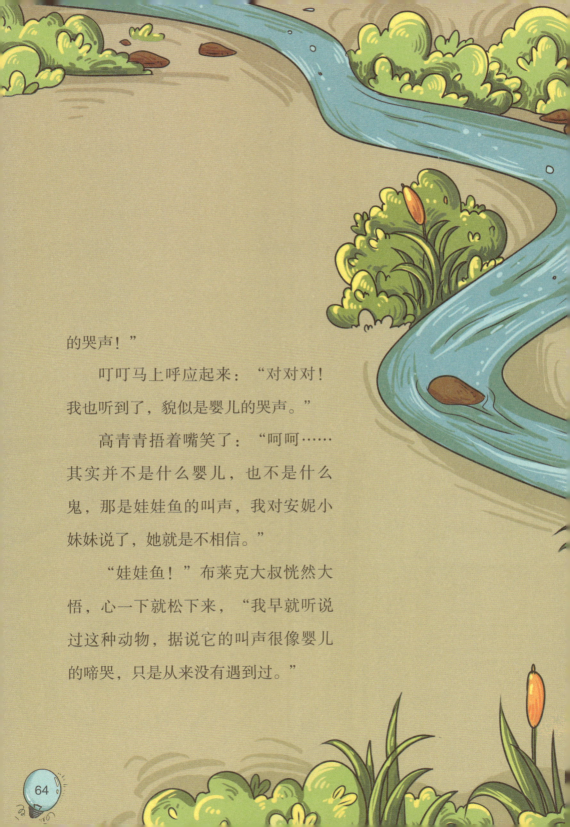

的哭声！"

叮叮马上呼应起来："对对对！我也听到了，貌似是婴儿的哭声。"

高青青捂着嘴笑了："呵呵……其实并不是什么婴儿，也不是什么鬼，那是娃娃鱼的叫声，我对安妮小妹妹说了，她就是不相信。"

"娃娃鱼！"布莱克大叔恍然大悟，心一下就松下来，"我早就听说过这种动物，据说它的叫声很像婴儿的啼哭，只是从来没有遇到过。"

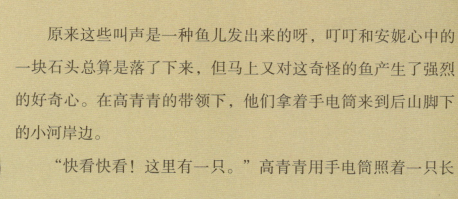

　　原来这些叫声是一种鱼儿发出来的呀，叮叮和安妮心中的一块石头总算是落了下来，但马上又对这奇怪的鱼产生了强烈的好奇心。在高青青的带领下，他们拿着手电筒来到后山脚下的小河岸边。

　　"快看快看！这里有一只。"高青青用手电筒照着一只长

着四只脚、半米长的通体淡黑色的动物喊道。

　　"这就是娃娃鱼吗？怎么一点也不像鱼，这么长一只，还长着四只脚呢。"叮叮不敢相信，但是这只动物马上发出的酷似婴儿的叫声让他又不得不信了。

　　布莱克大叔说："娃娃鱼不是鱼，它和青蛙、蜥蜴等动物一样是两栖动物的一种，不过它也是由鱼进化而来的。娃娃鱼的学名叫大鲵，现在是世界上珍贵的两栖保护动物呢。"

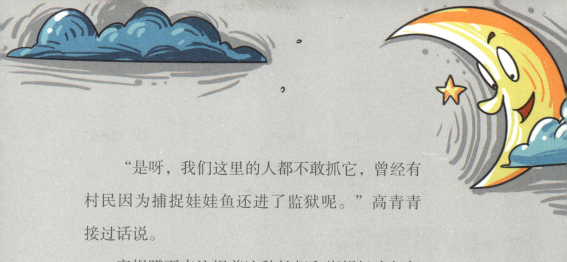

　　"是呀，我们这里的人都不敢抓它，曾经有村民因为捕捉娃娃鱼还进了监狱呢。"高青青接过话说。

　　安妮蹲下来注视着这种长相和蜥蜴极为相似的动物，不断地发出感叹："真是奇怪，它的叫声和婴儿的啼哭太像了！"

第十一章

一只小船飘呀飘

    在好心的高叔叔家里住了一晚后，布莱克大叔一行人又踏上了新的旅途。

    高叔叔一家人把布莱克大叔三人送到村口后，布莱克大叔就叫他们回去了。

三个人出村庄后，才走一段路程就发现了一条宽阔的水泥路，在这荒山野岭中格外显眼。水泥路上到处是密密麻麻的人群，摩肩接踵，人头攒动。细心的安妮还发现了很多外国人的身影，心中浮出许多疑问。这些人是干吗的？他们又要到哪里去？还有那些团队……

　　布莱克大叔拍了拍安妮和叮叮的背，给他们讲起了一个传说："在武夷山一带流传着一个古老的传说，曾经有一只水金龟，在山洞中修炼了上千年后，终于得道成仙了。他原本以为成仙以后就可以享受自由自在、翱翔九天的生活，没想到玉皇大帝竟然赐给他一个和孙悟空的弼马温头衔差不多大的官职，

让他去守护天庭里玉皇大帝的御用茶园。水金龟每天在御用茶园里浇灌茶树，过着百无聊赖的生活，他十分后悔上天成仙了。有一天金龟大仙在浇灌茶树的时候忽然听到从人间传来震耳欲聋的声音，赶紧放下手中的水瓢，拨开一片白云向下界望去。原来是武夷山的老百姓们正在举行祭茶仪式。老百姓们在茶树面前摆放着丰盛的祭品，一边高唱颂词，一边敲锣打鼓。这场面看得金龟心里痒痒的，他寻思着，小小的一株茶树都能受到这样的待遇，被万人崇敬，而我一个堂堂仙人却过得如此狼狈不堪。金龟大仙越想越不服气，一气之下扔掉了官服官帽，偷偷跑到凡界当了一株茶树。"

安妮和叮叮听得兴致勃勃，和布莱克大叔一起跟随着人群来到了武夷山脚下，排了好久的队才买到门票。走了大半天，

孩子们也累了，布莱克大叔就租了一条小木船，这条小船不大不小，刚好把三人装下。安妮、叮叮和布莱克大叔三个人就这样乘着小木船，开始了武夷山之旅。

　　船夫听说布莱克大叔是探险家后对他由衷地佩服起来，一边用长篙撑着小木船，一边和三人聊起了天。船夫是这里地地

道道的原住居民，在武夷山开发旅游之前，他一直过着与世隔绝的生活，靠打渔和耕种为生。后来世界各地的游客大量地涌入武夷山，他的生活也发生了翻天覆地的变化，每天靠着小船载一载游客，收入比过去翻了几番，日子也过得清闲多了。

船夫指着身下清澈见底的水流说："这就是二曲溪，清亮吧，这些溪水很干净，直接饮用都没有问题。"说完又指着远处一座亭亭玉立的山峰说："你们看，那就是玉女峰，远远看上去就像一个小女娃子一样。"

叮叮伸长脖子眺望着船夫所指的那座山峰，果然非常像一个衣袂飘飘的少女，大自然真是鬼斧神工啊！

小木船驶了一段时间后，安妮在旁边的悬崖上发现了几个黑色的大箱子，七零八落地摆放着，于是好奇地问布莱克大

叔："布莱克大叔，那些大箱子是干什么用的啊？为什么挂在悬崖边上呢？"

"如果没猜错的话，这就是悬棺，这是古时候的原住民安放在这里的棺材。当时有一个奇特的习俗，人死后要装进棺材里，然后挂在悬崖上。"布莱克大叔回答道。

船夫说："嗯，这就是悬棺，我从小就看到了，那个习俗现在已经失传了，也不知道当时那些人是用什么办法把那么重

的棺材钉在这悬崖峭壁上的，又没有飞机和梯子。许多科学家都来这里考察过，至今也没有解开这个谜呢。"

二曲溪碧绿如玉，像一面镜子一样，两岸青山的影子倒映在水中，让人感觉水中也有一个武夷山，白云在水里翻卷如浪花，飞鸟在水中化成了徜徉的鱼儿。小木船轻盈地飘荡在上面，就像一片竹叶子，把三人带入了一个人间仙境之中。

布莱克大叔心中慢慢浮现出中国的一句古诗：舟行碧波上，人在画中游。

武夷山

武夷山位于中国福建的西北方，是道教名山，自古以来就备受文人墨客的青睐。在古代，经常会有一些学士和儒者来这里传道授业解惑，讲解经典。开放旅游之后，武夷山以它的秀美景色和特色生态环境吸引着国内外大量的游客，成为中国东南地区独特的景点。

1999年12月，武夷山正式被联合国教科文组织列为世界遗产之一，从此蜚声海外。

第十二章
奇峰秀石的天游峰

三个人乘着小木船，一路顺溪而上，从二曲溪驶到了六曲溪。

船夫把木舟停靠在岸边，安妮、叮叮和布莱克大叔告别船夫后，就通过一条木板小道上岸了。

　　"这里就是武夷山的著名景点之一——天游峰了。"布莱克大叔此时又化身成为一个资深导游，有板有眼地给孩子们介绍起来："天游峰这里的小山非常具有丘陵山脉的特色，你们看，这些山海拔都不怎么高，但山峰却很挺拔，姿态各异，有的端庄秀丽，有的亭亭玉立，有的就像一把宝剑直指苍穹，有的就像一座沉重的大钟。"

　　"快看快看！那里有两只大乌龟！"叮叮指着不远处溪水上的两块重叠的巨石，安妮和布莱克大叔顺着他指的地方望过去，果然像两只大乌龟。

　　布莱克大叔说："这里的人把它们叫着'上下水龟'，还有一个神奇的传说呢。相传当年中国著名的理学家朱熹来到了武夷山，有一天晚上他和朋友在月下饮酒作乐，这时候不知从哪里走来了一个美丽的姑娘，这个姑娘自称名叫'丽娘'，还和他们一起喝起酒来。朱熹对这个丽娘一见钟情，后来与她结为了夫妻。其实丽娘原本是武夷山中的千年狐妖幻化成的人形，虽然她是妖怪，但是心地却很善良，她经常用自己的法术做好事，帮乡亲们治病。丽娘对朱熹也是死心塌地，一点儿恶意也没有。有一天，一只龟妖对朱熹说她的娘子是一只狐妖，朱熹当然不相信了，还怒气冲冲地要赶他走。龟妖说要是你不信的话，今晚请看你娘子的鼻子，说完后龟妖就走了。这天晚上，朱熹趁丽娘睡着了，将信将疑地察看她的鼻

子，赫然发现上面挂着一双玉筷子。这时候在屋外偷看的龟妖夫妇幸灾乐祸地笑了起来，朱熹气不过，冲出去追赶，哪知龟妖夫妇已经跑远，朱熹就把毛笔扔了过去，龟妖夫妇被毛笔点中之后就化成两块巨石，定在了那里，直到现在。"

安妮关心地追问道："那朱熹和丽娘后来怎么样了？"

"丽娘知道了朱熹对她的怀疑之后伤心欲绝，后来离开了朱熹，再也没有回来，朱熹也感到非常后悔。"

"唉……好可惜啊。都怪那只龟妖，也活该它变成石头！"安妮微微皱着眉头，替丽娘打抱不平。

布莱克大叔把叮叮和安妮带到了一堆岩石前说："这就是'响声岩'，人们在这里面说的话会产生源源不断的回声，

因此得名。你们看，那里刻着四个大字'逝者如斯'，就是朱熹当年题下的。响声岩的石刻上还有朱熹写的《九曲棹歌·六曲》，专门描写了六曲溪的美丽景色。朱熹的这首诗一出，武夷山立刻名扬天下了，后世许多文人到了福建都会来武夷山一游。"

安妮抚摸着这些石刻，想象着当年朱熹文采飞扬的样子，他一定长得很英俊吧，不然丽娘也不会死心塌地地喜欢他了。

出了响声岩之后，三个人又来到一线天，这里是天游峰最

出名的一个景点，本来是一整块巨大的岩石矗立在那里，但是岩石的顶端巧妙地裂开了一条缝，这条缝刚好能够通过一个人。安妮和叮叮轻而易举地从岩缝的这头走到了那头，而布莱克大叔则显得要吃力多了，他每走几步就会被卡住。

叮叮站在岩缝的对岸朝布莱克大叔扮鬼脸，嘲笑着说："布莱克大叔，你真的该减减肥了！哈哈……"

等到布莱克大叔好不容易通过了，三个人就来到岩顶看雪花泉，泉水从岩顶倾泻而下，散成白雪一样的水珠，看起来非常美丽。安妮心想现在要是有相机该多好呀，只可惜相机放在帐篷里面，早就被那场泥石流卷走了。

游赏过了云窝、茶洞、小桃园、隐屏峰等景点之后，大家都有点饿了，于是来到妙高台上，进了一家饭店。正准备进去饱餐一顿的时候，安妮意外地发现了一棵红豆树。这棵红豆树在奇峰秀石的天游峰上显得格外耀眼，如果说山峰和石头象征着力量和阳刚，那么这棵红豆树则给这里平添了一股柔情。

　　满满一树的红豆点燃了安妮心中的伤情，她感叹道："我听说红豆象征着爱情，这棵红豆树一定是朱熹为丽娘种下的吧。"

天游峰

　　天游峰是武夷山旅游区中最引人注目的一个风景区，里面有著名的云窝、茶洞、小桃园、隐屏峰、一线天、响声岩等景点。

　　天游峰四周被九曲溪环绕，站在峰中的制高点可以饱览整个武夷山的秀丽景色。到了春天，溪水蒸腾，峰内烟水氤氲，云海在风中翻腾，就像大海上的浪花一样，非常壮观美丽，所以得名"天游峰"。

　　中国明代著名的地理学家和文学家徐霞客曾经说过："其不临溪而能尽九溪之胜，此峰固应第一也。"

第十三章

花果山与水帘洞

　　红豆有情，丽娘无意。虽然朱熹已经认识到自己的错误，并为此后悔不已，但丽娘却一去不回，留给这个故事一个永远的遗憾。

　　女孩子天生就比男孩子感情丰富，叮叮看到这棵红豆树一点感觉也没有，安妮却为此长吁短叹，这让叮叮感到无法理

解。他拉着安妮说："快饿死了！我已经等不及了，我的胃更等不及了。"

三个人来到饭店，开始补充因为长途跋涉而耗掉的能量。这一次叮叮变聪明了，吸取了上次在高叔叔家里的教训，尽管已经饿得前胸贴后背了，但他还是拿着筷子不慌不忙地夹菜。

布莱克大叔看出了他的小心思，打趣地笑道："叮叮这次怎么不暴饮暴食、风卷残云了？是因为这饭菜太难吃了吗？那好，难吃你就少吃点，让我和安妮代你效劳。"

叮叮赶忙用手护住饭菜，生怕布莱克大叔抢他的，歪着头说："不是难吃，是因为太好吃了，我舍不得一口气吃完，所以要慢

慢地品尝。"

安妮和布莱克大叔都
笑了，安妮催促道："叮叮你
快点吃，不要磨时间了，我们还要
赶着去另外的地方呢！"

一会儿后，大家都吃饱了，重新恢复了气
力和精神。

安妮问："布莱克大叔，我们接下来要去哪里呢？"

没想到布莱克大叔却卖起了关子，他没有直接说去
哪里，而是问了叮叮和安妮一个问题："你们看过中国的
《西游记》吗？"

"当然看过啦！不就是孙悟空三人护送
唐僧西天取经的故事嘛。"

"那么，孙悟空上天庭当弼马温之前住在哪里，你们还记得吗？"

　　"东胜神洲傲来国东边蓬莱仙岛花果山水帘洞里边。"叮叮得意扬扬地一口气答出来，如数家珍。

　　布莱克大叔神秘地一笑，起身就走："我现在就带你们去花果山看水帘洞！"

　　安妮和叮叮赶紧跟了上去，穷追不舍地问起来："难道历史上真的有孙悟空这个人吗？"

　　"当然没有孙悟空啦！历史上倒是有唐僧这个人，什么孙悟空、猪八戒和沙和尚都是后人杜撰出来附会神话故事的，为了吸引读者……"布莱克大叔一路上和他们讲起了武夷山水帘

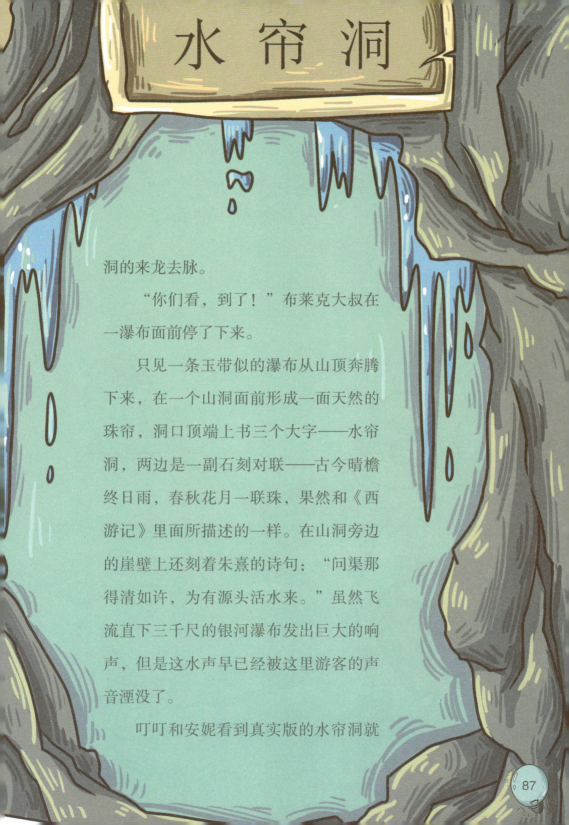

水帘洞

洞的来龙去脉。

"你们看，到了！"布莱克大叔在一瀑布面前停了下来。

只见一条玉带似的瀑布从山顶奔腾下来，在一个山洞面前形成一面天然的珠帘，洞口顶端上书三个大字——水帘洞，两边是一副石刻对联——古今晴檐终日雨，春秋花月一联珠，果然和《西游记》里面所描述的一样。在山洞旁边的崖壁上还刻着朱熹的诗句："问渠那得清如许，为有源头活水来。"虽然飞流直下三千尺的银河瀑布发出巨大的响声，但是这水声早已经被这里游客的声音湮没了。

叮叮和安妮看到真实版的水帘洞就

在眼前，兴奋得尖叫起来，跟着游人一起进入到了洞中，原来这洞中别有一番天地，石桌石凳应有尽有，唯一遗憾的就是少了那一群欢蹦乱跳的猴子。

"我要是孙悟空，有景色如此美丽的花果山，还有如此宽敞别致的水帘洞，就算打死我也不会上天去养马，在这里住一辈子多好呀！"叮叮调侃起孙悟空来。

安妮跟着说："是呀，这水帘多漂亮啊，要是能在这水帘洞里生活一辈子那才叫幸福呢。"

"这里一年四季都挂着一张水帘，空气潮湿，要是在这里住上个三五天还可以，在这里住一辈子的话，那还不得风湿病吗？哈哈……"布莱克大叔被孩子们天真烂漫的想法逗乐了。

叮叮、安妮和布莱克大叔站在洞口外的栏杆旁，望着雪白的水帘，一会儿就感觉全身变得湿漉漉的了。

"原来孙大圣是因为害怕得风湿病才上天的呀。"

水帘洞

武夷山有著名的七十二洞，其中水帘洞是游客量最多的一洞。水帘洞又被称为唐曜洞天，历来是道教圣地，许多道士都曾到这里修行过。

为了方便游人歇息，洞内还人性化地设有石制的桌凳。从洞口出去，有沿洞护栏，人们可以凭栏远眺，欣赏四周秀美山色。

第十四章

半路杀出一个"孙悟空"

从神奇的水帘洞里出来后，三个人开始了下山之路。

叮叮叹了一口气，说道："唉……水帘洞虽然很漂亮，但就是没有孙悟空。"

安妮也说："是呀，没有孙悟空就算了，逛了这么久，连

一只猴子也没有见到。山中应该有猴子的啊，怎么一只猴子的踪影也不见？花果山没有猴子就好像九曲溪里没有了鱼儿，一点生气也没有。"

"其实这武夷山中是有猴子的，而且还是一种非常特别的、少见的猴子。人们本来以为这种猴子已经灭绝了，但是前几年有位学者在武夷山又发现了这种猴子。水帘洞和天游峰游人如织，猴子怕生，当然不会出现这些地方。"布莱克大叔说着把安妮和叮叮带向一处人烟稀少的地方，"想要寻找这种特别的猴子，只有去很少有人涉足

的深山老林之中。"

　　道路在这里已经断了，乱蓬蓬的野草有半个人那么高，四周一点人烟也没有，却生机勃勃，到处都是鸟儿的叫声。深邃广袤的大森林总能带给人们无限的遐想，这里面到底藏着一些什么呢?

　　三个人迈进草丛中，深一脚浅一脚吃力地行走着，直挺挺的草丛在他们的踩踏下卑微地俯下身去，等他们离开后又迅速地站立了起来，仿佛永远也打不倒，永远也不服输似的。

还是安妮的洞察力强，一双眼睛就和猫头鹰的一样敏锐。在森林里才走了一会儿，她就大喊起来："快看快看，小老鼠！"

　　布莱克大叔和叮叮赶紧转过头把视线集中在安妮指向的地方，发现一堆灌木丛正在左右摇晃，顷刻之后，一只和小老鼠差不多长，但显然要比老鼠瘦削的小动物顺着灌木的枝干爬了上来，东瞅瞅西瞧瞧地打量着安妮、叮叮和布莱克大叔三个人。

　　叮叮蹲下来饶有兴致地观察着这个"小东西"，只见它浑身长着金黄色的毛发，动作极为灵活，屁股后面还长着一根长长的尾巴。它紧紧抱着灌木的枝干，两只乌溜溜的大眼睛转来转去，对闯进森林的三个不速之客充满了好奇。

"好可爱呀！"安妮忍不住想去摸它一下，但又怕惊动它，手伸到半空中又缩了回来。

"这不是小老鼠，这就是我那会儿跟你们提起过的武夷山的特别的猴子。"布莱克大叔说道。

"怎么可能？猴子会有这么小的吗？"

"蜂鸟还不是那么小，这种猴子是猴子家族中的小个子，一个非常特别的物种。别看它长得小巧，但是却和其他灵长类动物一样，脑袋瓜儿可聪明了！"

叮叮傻笑了起来："这么小的猴子一定是孙悟空变出来的吧，游客们霸占了他的水帘洞，他只好带着猴子猴孙们离开花果山，躲到这里来生活了。"

布莱克大叔说："这种特殊的物种叫'墨猴'，成年的墨猴一般全身金黄或者乌黑，它们的名字的来历也是因为和'墨'有关。在古代的中国，普通老百姓想要获得功名就必须靠科举这种选拔性的考试。由于科举的局限性，读书人是很清苦的。那些想要功成名就的书生经常半夜都还在看书写文章，不过百无聊赖的苦读生活中也有一点小小的乐趣。他们把这种小猴子装进笔筒里，只要轻叩几下笔筒，小猴子就会乖乖地跑出来替主人磨墨了。墨磨好后它就坐在一边自己玩自己的，还可以吃掉一些烦人的小蚊子。主人不再用墨的时候，小猴子就会把砚台中的墨汁舔干净，所以后来人们就叫它'墨猴'。墨猴的食量不大，每天用一些花生和黄豆就可以把它喂饱了。"

"哇！原来这种小猴子这么聪明乖巧呀！"安妮从口袋里拿出一块饼干放在掌心，伸到了小猴子面前。

小猴子最开始有点害怕，叽叽喳喳地叫着，准备逃跑，但是爬了几下后，发现安妮并没有恶意，又回过头来，壮着胆子爬到安妮的手掌上，两只前肢灵活地捧起小饼干，美滋滋地啃了起来。

第十五章

老虎来了

　　小墨猴吃完饼干后又趴下来伸出湿漉漉的舌头，意犹未尽地舔舐起安妮掌心上的饼干渣来，舔得安妮手心酥酥痒痒的，嘻嘻地笑了起来。

　　叮叮看到这小家伙虽然个子小，但是动作和一般的大猴子没有什么两样，感觉很有意思，就伸手来捉它。还在

舔饼干渣的墨猴，灵敏地觉察到了向它伸来的一只大手，赶紧扔下美食跳出安妮的手掌，动作轻快地攀爬到一丛灌木上，再纵身一跃，钻进草丛中不见了。

"唉！竟然让'孙悟空'逃出了我的手掌心。"叮叮眼看差一点就要成功了，心有不甘。

安妮生气地瞪了他一眼："都怪你！把可爱的小猴子吓跑了。"说完就沿着墨猴刚才逃跑的方向去追，叮叮无奈地耸了一下肩膀，和布莱克大叔也跟着追了上去。

在这么深的草丛中寻找一只比老鼠还小巧的墨猴简直就是大海捞针，三个人把沿途的草丛和灌木都扒开来仔细看，可是

连一点蛛丝马迹也没有。

就在这时，森林中突然传来了一声洪亮深沉的低吼，布莱克大叔对这吼声再也熟悉不过了，安妮和叮叮在动物园里也听见过这声音，只不过森林里的这声音比动物园里的来得更猛烈更暴躁。

"是……是老虎！"叮叮说完这句话慌张地用手把嘴捂住。布莱克大叔快速地把叮叮和安妮按倒在草丛中，在嘴前伸出食指示意他们不要轻举妄动。

老虎的吼声惊动了森林里的小鸟，鸟儿们纷纷叽叽喳喳地飞出了树梢，到处逃窜。真不愧是百兽之王啊，一出来就气派

非凡。三个人趴在地上屏住呼吸，一动也不敢动，借着草丛和灌木的掩护，紧张地静观着前面的情况。

一会儿，一只庞然大物走了出来，正是一只斑斓大虎。它浑身上下夹杂着黄色和黑色的斑纹，额头上的条纹似乎写着一个大大的"王"字，昭示着它在森林中至高无上的地位。

这只老虎的头很圆，耳朵短小，有趣的是它的腹部竟然还是白色的。老虎走在草丛中，显得十分威武壮硕，就像一只被放大了的猫，但是比猫却多了一股霸气。由于它脚上长有厚厚的肉垫，所以走在地上几乎一点儿声音也没有，这是经过几十万年的进化最后形成的自然选择，行走时没有声音非常有利于它们出其不意地捕杀猎物。

布莱克大叔虽然身经百战，但这一次他也有点慌了，身上没带什么防身的器具，老虎就在不远处，逃跑的话时间根本不够，这该怎么办呀？他心急如焚。眼看老虎一步一步地向自己这边走来，安妮和叮叮吓得闭上了眼睛，心跳得就像在打架子鼓。

时间过得好慢，感觉每一秒都是一种煎熬。老虎左顾右盼地寻觅着猎物，一步一步向这边逼近着。安妮差点大哭起来，布莱克大叔赶紧捂住了她的嘴，并把三个人的身子压得更低了。经验告诉他，越是到危险的时刻越要沉着冷静，只要还有一线生机，就会有可能脱离险境。

其实森林里还有其他的潜伏者，这时候一只山獐子首先沉不住气了，从草丛中蹿了出来，飞快地向远方逃跑而去。老虎敏锐地发现了它的身影，转过身追了上去，一会儿就跑远了。

在确认安全以后，布莱克大叔长舒了一口气，从草丛中站

了起来，叮叮和安妮心有余悸地问道："老虎真的走了吗？"

布莱克大叔说："现在那只华南虎估计正在享用山獐子的美味，一时半会儿也不会再去寻找其他的猎物了。"

"华南虎？"叮叮惊奇地问道。

"嗯，这只老虎就是著名的华南虎，只有中国才有的珍稀物种，所以也叫'中国虎'，它可是中国国家一级保护动物呢。"

华南虎

华南虎的祖先是"中华古猫"，在中国生存了几十万年。

华南虎喜欢独来独往，不爱成群结队。捕猎时行动迅速敏捷，常常一击制敌，它的嗅觉非常灵敏，爱吃新鲜肉。和其他种类的老虎不同的是，华南虎还是游泳健将。

由于人类的长期捕杀，如今地球上华南虎只剩下几十只了。为了保护这个濒危的物种，国家专门设立了华南虎繁育基地，但是饲养的华南虎存活率很低。

第十六章
快到"锅里"来

布莱克大叔告诉叮叮和安妮，华南虎这个物种快要从地球上消失了，人们开始反省，政府也重视了起来。

1981年，华南虎被列入CITES公约的保护名单之中。1996

年，华南虎首次被国际自然保护联盟列为极度濒危的十大物种之一。现在要是捕杀一只华南虎，甚至还会被判死刑呢。

想到华南虎家族的悲惨命运，安妮刚才对华南虎的仇意瞬间烟消云散了。觉得它其实蛮可怜的，现在全世界它的同类已经不多了。

经历了虎口脱生，三个人又捡回一条命。同时，安妮和叮叮也学到了一些品质，当危险降临时一定要保持冷静，千万不要自乱阵脚。

刚才在草丛中惊险万分，大家都惊出一身冷汗，脸上还沾满泥巴，怪不舒服的，叮叮提议找个有水的地方清洗一下。

布莱克大叔带着他们在森林中寻找起水源，走到一个小山坡的时候，安妮发现对面有个地方在冒烟，好像是发生了大火，但是却又看不到火苗，这让她百思不得其解。这些烟雾飘

渺轻盈，就像在空中飘扬着的一袭白纱。

布莱克大叔惊喜地大喊起来："是温泉！是温泉！这下我们可以好好地泡一个澡了。"

"一定是上帝刚才考验了我们，现在又对我们表示嘉奖，所以才变出一个温泉来招待我们。"叮叮说。

三个人一会儿就来到温泉面前，顿时感觉一股股温热的水汽扑面而来，蒸得浑身湿漉漉的。这里有大大小小十几个坑，每个坑各自独立，互无关联，温暖的泉水从地下源源不断地涌出来。

　　叮叮脱了鞋子，迫不及待地跳进了一个温泉坑里，被翻滚的泉水烫得呀呀大叫起来，又慌张地爬了出来，幸好这个水温不是特别高，不然叮叮就要被烫伤了。

　　布莱克大叔笑道："每个温泉坑里的水温是不一样的，有的水温甚至可以达到100℃呢，你要是在里面泡上半个小时，出来的时候就已经熟透了。温泉的水温普遍高于年平均温度5℃以上，但是在日本，只有50℃以上的温泉才能被称为合格的温泉。"

　　安妮看着叮叮的样子哈哈大笑，她倒是一点儿也不着急，用手指慢慢挨个去试探那些坑里面的水温，找到一个水温合适的温泉之后才伸出双脚浸泡，等到脚泡暖和了，再把身体泡进去。

后来叮叮和布莱克大叔也泡进了适合自己的温泉里，真是舒服啊，不管怎么泡，水温都一直保持不变，浑身上下被一股暖流包裹着，感觉全身都软了，就像有一双温暖又柔软的大手在给自己做全身按摩。

安妮问道："经常在这温泉里泡着会不会生病？我听人说在水里面泡久了身体会变得浮肿起来。"

布莱克大叔仰面躺在温泉里，十分安逸，双眼轻闭着说："当然不会啦，只有在冷水里泡久了才会生病，有可能患上风湿和浮肿，在温泉里泡着反而还能治疗风湿病呢。温泉里面含有丰富的矿物质，经常泡温泉有益身体健康。当年的秦始皇就酷爱泡温泉，为此还专门修建了'骊山汤'，后来唐玄宗又把它改建成'华清宫'，终日和杨贵妃嬉戏其中。疲惫不堪的人在温泉里泡上几十分钟后可以恢复力气。可惜我们现在身上没有带鸡蛋，不然的话可以一边泡温泉一边煮鸡蛋来吃了。台湾

人就经常在温泉里煮茶叶蛋，还有些人喜欢在温泉里煮菜，甚至烫火锅。"

安妮又问："那么最开始流行泡温泉的国家就是中国吗？"

布莱克大叔说："这个就无法考证了，总之很多国家在很早以前就开始泡温泉了，有一种说法是泡温泉是从日本开始兴起的。有一个日本人看到一只受伤的小动物跳进温泉里面泡了一会儿后，伤口竟然奇迹般地好了，又变得生龙活虎了起来。由此，他发现了温泉的奇特疗效，就把这个消息告诉了别人，温泉就开始受到人们的钟爱了。"

"那温泉又是怎么形成的呢？"叮叮问。

"温泉形成的原因有两种：一种温泉是因为地上的水渗透到地下，经过地热的增温后又循环出来；还有一种是因为岩浆的缘故，我们都知道，地球就像一个鸡蛋，在鸡蛋壳的下面是流动的高温岩浆，这些岩浆不断上涌，就把水给加热了。"

后来三人没有再说话，不一会儿就在温泉里舒服地睡着了。

温泉

温泉是地下热水在静水压力下通过岩石中的裂痕上涌而形成的，内含丰富的硫酸钠、硫酸铁、铁、碳酸氢钠、硫化氢泉等，经常浸泡，对于高血压、心血管疾病、神经衰弱、牛皮癣、关节僵直、肠胃病、脑溢血后遗症等疾病有一定的疗效。

中国的温泉文化源远流长，早在春秋时期就有关于泡温泉的文字记载。

温泉不仅在中国受到广泛欢迎，在日本、韩国等地也深受当地老百姓的喜欢，日本的温泉是该国旅游业中的一大亮点。

第十七章
长了毛的大树

刚才三人遇到金猫，经历了一次死里逃生，安妮和叮叮坚信了冷静的力量，凡事沉着应对，一切问题都能轻松化解。

安妮说："真遗憾，没能看到金猫宝宝走路。"

"你还想看金猫宝宝走路？要是等金猫爸爸赶来了，我们

几个都要被叼去给金猫宝宝当食物。"叮叮说道。

布莱克大叔打断了他们之间的争论，说："金猫是猫科动物，和真正的小猫一样，宝宝生出来只知道妈妈而不知道爸爸，雌性金猫一生中会和许多的雄性金猫交配，交配完成之后就独自去一个地方等待分娩。金猫爸爸是不会再和它接触的，更别说来看金猫宝宝了。而且刚出生的小金猫暂时不能走路，要等一两周之后才开始学着睁开眼睛走路。"

"金猫宝宝好可怜，一生下来就没有了爸爸。"

三人走到了一棵大树下，布拉克叔叔坐下来，背靠着树干，招呼安妮和叮叮也休息一会儿。

太阳火辣辣的，在这棵大树下面却十分凉爽。树梢上还有十几只

鸟儿在纳凉，看到布莱克大叔他们来了，那些小鸟纷纷扑腾着翅膀飞离了大树。

安妮把掉落在大树下的树叶捧成一堆，坐在上面，又软又舒服。叮叮充满兴趣地打量着这棵大树，粗壮的树干上面枝叶丛生，枝桠和枝桠之间相互缠绕交错，长得非常密集，大树看起来就像一朵大蘑菇一样。

他好奇地问道："布莱克大叔，这是一

棵什么树呀？"

布莱克大叔已经非常累了，躺在树旁闭着眼睛说："这是榕树。校园里常见的小叶榕就是榕树的一种，大榕树有的能长到三四十米高。榕树长得很快，枝叶交错密集，一棵年老的榕树看上去非常茂盛，就像一片森林一样，所以人们常称它'独木成林'。金宝河的河岸边就有一棵隋朝时期种植的大榕树，有17米高，整个树冠有7米多宽，在这棵榕

　　树的浓荫下甚至可以摆上十几张桌子呢。"

　　安妮握着大榕树树干上绳子一样细长的树根说："为什么它身上长满了这么多的根呢？树根不是应该埋在地下的吗？"

　　"这叫气根，是一种暴露在空气中的树根。气根有四种：支持根、攀缘根、呼吸根、寄生根。像凌霄花、牵牛花那些都是属于攀援根，用来攀爬生长的。大榕树这个气根属于支持根，它从树干伸出根来，深深埋进土里，就像爪子一样将大地牢牢抓紧，这样一来宽大的榕树就不会轻易倒塌了。而且气根还可以向树干输送养料，帮助它呼吸。"

"榕树真是聪明！竟然想到了用气根来保持稳固。"安妮感叹道。

布莱克大叔又说："这都是大自然的精心设计，就像变色龙可以靠变色伪装自己，猫头鹰的眼睛可以轻松地旋转一样，那些不能适应生存的物种在几百万年的过程中早就被岁月淘汰了。榕树枝繁叶茂，四季常青，不管是悬崖峭壁还是深山老林，都能健康地生存下来，而且它还有吸收二氧化硫等污染物的特性，所以许多城市里都种上了榕树，以此改善空气质量和城市绿化。在宋朝的时候，有个叫张伯玉的地方官员，在福建的省会福州当太守的时候，带领当地的老百姓大力种植榕树，几年之后，满城都是绿荫，空气也变清新了很多。后来榕树就成了福州的市树，也是温州的市树。福州市因为榕树而出名，所以又称为'榕城'。"

安妮静静地坐在松软的榕树叶子上，背靠树干，任由它洒落阴凉。炽热的太阳光从稀稀疏疏的榕树叶子缝隙间投射下来，消失了火辣，沉淀了温和，照在地上，化成无数细小的光斑。

第十八章

中国国蝶

稍作休息之后，一行人继续向前走，天渐渐黑了，还好马上就到山下，离市场不远了。安妮说道："布莱克大叔，我们赶紧在附近找一家宾馆住下吧。"

布莱克大叔也不放心让两个孩子继续待在这里，根据他以往的经验，秋天的昼夜温差很大，到

了晚上的时候会骤然降温，而且这里靠近溪水，温度会降得更快，人在这里待久了一定会感冒的。他带着两个孩子走上一条通往小镇的道路，安妮和叮叮一声不吭地紧跟在他后面。他们俩白天总是有问不完的问题，没想到这时候全都变成了哑巴。

天已经黑了，一轮秋月高悬在空中，就像天宫中挂出的一盏路灯，把人间照得亮堂堂的。三

人就借着这冷月清辉，步履匆忙地赶着路。一路上都是癞蛤蟆"呱——呱——"的叫声，安妮心想，那一定是崇安髭蟾发出来的吧，它一定是害怕我们路上寂寞，为我们送行呢。

就这样走了一段时间后，沉默的安妮首先打破了行走中的沉寂："布莱克大叔，你快看，那是什么？"

有三只蝴蝶在半空中飞来飞去，发出绿莹莹的幽光，在月光下就像仙子一样。

"那就是金斑喙凤蝶！"布莱克大叔激动地叫了起来，就像是发现了稀世珍宝似的。

"金斑喙凤蝶！"叮叮和安妮兴奋地跳了起来，大喊道，

120

"喂——金斑喙凤蝶！等等我们，等等我们。你让我们找得好辛苦啊……"

那几只蝴蝶似乎一点儿也不在意三人的呼喊，在空中转了一圈后就飞走了。安妮眼睁睁地看着那美丽的身影消失在夜空中，遗憾地垂下了头。

后来三人在一家宾馆中度过了一晚，这次的丘陵大冒险，到这里就结束了。

那一晚，安妮在梦中遇到了美丽的金斑喙凤蝶，还和它一起在天空中轻舞飞扬……

金斑喙凤蝶

金斑喙凤蝶是一种大型凤蝶，双翅展开时有110毫米左右长。因为它姿态优美，有一种高贵华丽的气质，所以又被称为"蝶中皇后"。

在全世界，只有在中国的博物馆里面才能找到金斑喙凤蝶的标本。国家非常重视对金斑喙凤蝶的保护，曾经以它为主题发行过纪念币和邮票，后来还完善立法，非法捕杀1只金斑喙凤蝶的就必须立案，非法捕杀6只以上的就属于特大案件了。

金斑喙凤蝶被称为大瑶山的"镇山之宝"，曾经有几个利欲熏心的蝶商在大瑶山附近捕捉金斑喙凤蝶，后来遭到了公安机关的全力追捕。